CUADERNO DE

Resolución de problemas y cálculo mental

6

sm

PRIMARIA

La tabla del 1

1 × 0 = 0	1 × 4 = 4	1 × 8 = 8
1 × 1 = 1	1 × 5 = 5	1 × 9 = 9
1 × 2 = 2	1 × 6 = 6	1 × 10 = 10
1 × 3 = 3	1 × 7 = 7	

- Escribe los resultados de estas operaciones.

1 × 3 = ...	0 × 1 = ...	.... × 1 = 7
1 × 8 = ...	1 × 1 = ...	.... × 1 = 1
1 × 2 = ...	2 × 1 = ...	.... × 1 = 9
1 × 0 = ...	3 × 1 = ...	.... × 1 = 6
1 × 9 = ...	4 × 1 = ...	.... × 1 = 3
1 × 7 = ...	5 × 1 = ...	.... × 1 = 0
1 × 4 = ...	6 × 1 = ...	.... × 1 = 2
1 × 1 = ...	7 × 1 = ...	.... × 1 = 8
1 × 6 = ...	8 × 1 = ...	.... × 1 = 4
1 × 5 = ...	9 × 1 = ...	.... × 1 = 5
1 × 10 = ...	10 × 1 = ...	.... × 1 = 10

- Completa las series.

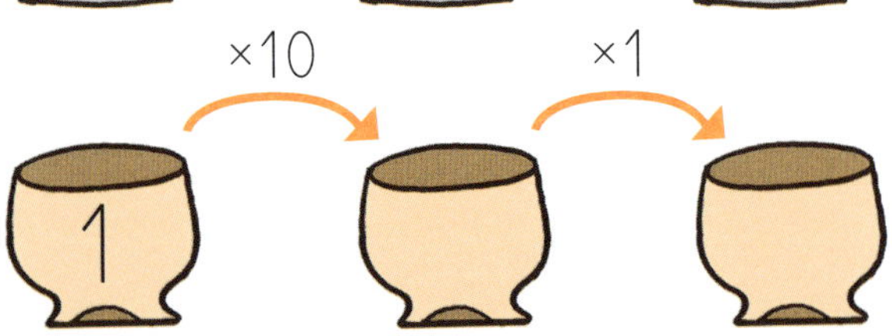

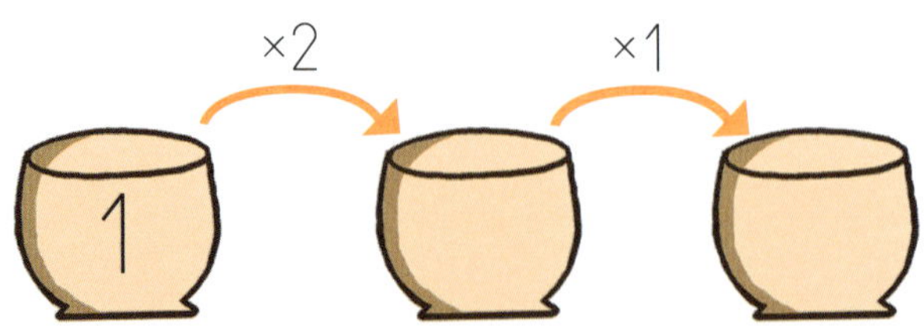

Alfredo paga con 50 € un billete de tren. Si le devuelven 22 €, ¿cuánto cuesta el billete?

Paga con 50 €.
Le devuelven 22 €.

$$\begin{array}{r} 50 \\ -\ 22 \\ \hline 28 \end{array}$$

El billete cuesta 28 €.

- Pedro tiene 12 vasos de plástico y el resto de cristal. Si en total tiene 21 vasos, ¿cuántos son de cristal?

Pedro tiene .... vasos.
Tiene .... vasos de plástico.

Tiene .... vasos de cristal.

$$\begin{array}{r} \ldots\ldots \\ \bigcirc\ \ldots\ldots \\ \hline \ldots\ldots \end{array}$$

- En una bañera hay 72 litros de agua y faltan 18 litros para llenarla. ¿Cuántos litros caben en la bañera?

Hay .... l en la bañera.
Faltan .... l para llenarla.

Caben .... l en la bañera.

$$\begin{array}{r} \ldots\ldots \\ \bigcirc\ \ldots\ldots \\ \hline \ldots\ldots \end{array}$$

La tabla del 2

2 × 0 = 0	2 × 4 = 8	2 × 8 = 16
2 × 1 = 2	2 × 5 = 10	2 × 9 = 18
2 × 2 = 4	2 × 6 = 12	2 × 10 = 20
2 × 3 = 6	2 × 7 = 14	

- Resuelve estas operaciones.

2 × 7 = ...	0 × 2 = ...	.... × 2 = 2
2 × 3 = ...	1 × 2 = ...	.... × 2 = 12
2 × 5 = ...	2 × 2 = ...	.... × 2 = 4
2 × 8 = ...	3 × 2 = ...	.... × 2 = 0
2 × 4 = ...	4 × 2 = ...	.... × 2 = 16
2 × 2 = ...	5 × 2 = ...	.... × 2 = 18
2 × 1 = ...	6 × 2 = ...	.... × 2 = 6
2 × 6 = ...	7 × 2 = ...	.... × 2 = 8
2 × 9 = ...	8 × 2 = ...	.... × 2 = 14
2 × 0 = ...	9 × 2 = ...	.... × 2 = 10
2 × 10 = ...	10 × 2 = ...	.... × 2 = 20

- Completa la serie.

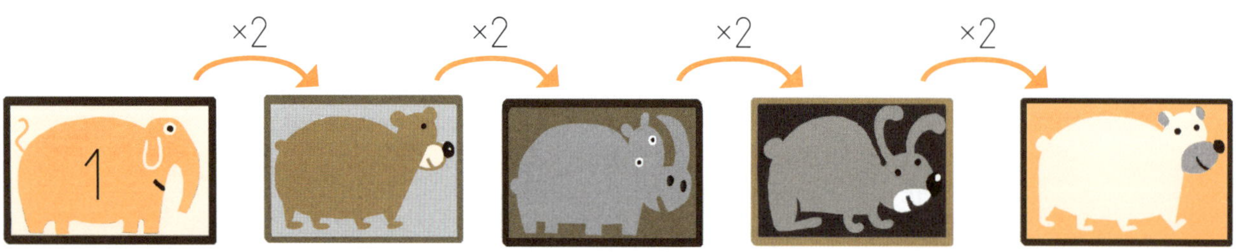

El equipo de Clara ganó 3 trofeos y el de Félix, el doble. ¿Cuántos trofeos ganó el equipo de Félix?

El de Clara ganó 3 trofeos.
El de Félix ganó el doble.

$$\begin{array}{r} 3 \\ \times\ 2 \\ \hline 6 \end{array}$$

El de Félix ganó 6 trofeos.

- César tiene 9 sellos de animales y Julia tiene el doble. ¿Cuántos sellos tiene Julia?

César tiene .... sellos.
Julia tiene el doble.

○ .... / .... / ....

Julia tiene .... sellos.

- Bruno ha pagado 12 céntimos por 1 chocolatina. ¿Cuánto pagará Isaac si ha comprado el doble de chocolatinas?

1 chocolatina cuesta .... CENT.
Isaac pagará el doble.

○ .... / .... / ....

Isaac pagará .... CENT.

La tabla del 3

3 × 0 = 0	3 × 4 = 12	3 × 8 = 24
3 × 1 = 3	3 × 5 = 15	3 × 9 = 27
3 × 2 = 6	3 × 6 = 18	3 × 10 = 30
3 × 3 = 9	3 × 7 = 21	

- Multiplica y escribe los resultados.

3 × 5 = ...	0 × 3 = ...	1 × 3 = ...
3 × 7 = ...	1 × 3 = ...	9 × 3 = ...
3 × 2 = ...	2 × 3 = ...	4 × 3 = ...
3 × 0 = ...	3 × 3 = ...	7 × 3 = ...
3 × 3 = ...	4 × 3 = ...	2 × 3 = ...
3 × 1 = ...	5 × 3 = ...	5 × 3 = ...
3 × 6 = ...	6 × 3 = ...	.... × 3 = 24
3 × 9 = ...	7 × 3 = ...	.... × 3 = 9
3 × 4 = ...	8 × 3 = ...	.... × 3 = 18
3 × 8 = ...	9 × 3 = ...	.... × 3 = 0
3 × 10 = ...	10 × 3 = ...	.... × 3 = 30

- Escribe los números que faltan en la serie.

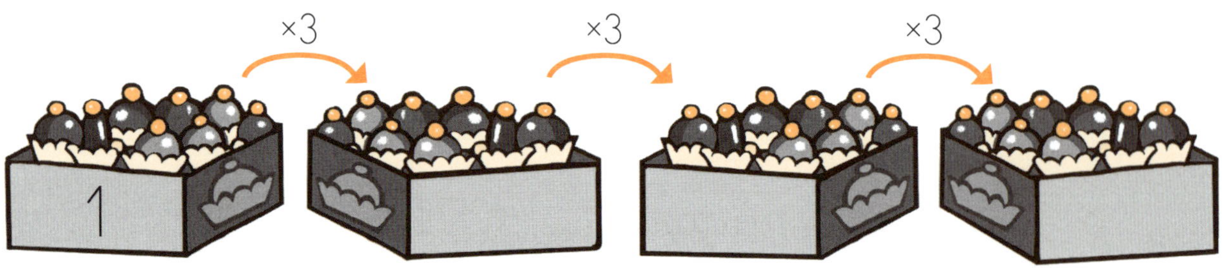

Claudia ha comprado 1 entrada para el cine y ha pagado 5 €. ¿Cuánto pagará si compra el triple de entradas?

Cada entrada cuesta 5 €.

Compra el triple de entradas.

Pagará 15 €.

$$\begin{array}{r} 5 \\ \times\ 3 \\ \hline 15 \end{array}$$

- Marc tiene una caja de 9 bombones. Si Paola compra el triple de cajas, ¿cuántos bombones compra?

Hay .... bombones en una caja.

Paola compra el triple de cajas.

Compra .... bombones.

$$\begin{array}{r} \text{........} \\ \bigcirc\ \text{........} \\ \hline \text{........} \end{array}$$

- Ainhoa tiene un estuche con 8 rotuladores. ¿Cuántos rotuladores tiene José si tiene el triple que Ainhoa?

Un estuche tiene .... rotuladores.

José tiene el triple.

Tiene .... rotuladores.

$$\begin{array}{r} \text{........} \\ \bigcirc\ \text{........} \\ \hline \text{........} \end{array}$$

La tabla del 4

4 × 0 = 0	4 × 4 = 16	4 × 8 = 32
4 × 1 = 4	4 × 5 = 20	4 × 9 = 36
4 × 2 = 8	4 × 6 = 24	4 × 10 = 40
4 × 3 = 12	4 × 7 = 28	

- Completa estas multiplicaciones.

4 × 7 = ...	0 × 4 = ...	8 × 4 = ...
4 × 3 = ...	1 × 4 = ...	1 × 4 = ...
4 × 0 = ...	2 × 4 = ...	3 × 4 = ...
4 × 9 = ...	3 × 4 = ...	7 × 4 = ...
4 × 1 = ...	4 × 4 = ...	0 × 4 = ...
4 × 5 = ...	5 × 4 = ...	6 × 4 = ...
4 × 8 = ...	6 × 4 = ...	.... × 4 = 8
4 × 2 = ...	7 × 4 = ...	.... × 4 = 16
4 × 4 = ...	8 × 4 = ...	.... × 4 = 20
4 × 6 = ...	9 × 4 = ...	.... × 4 = 36
4 × 10 = ...	10 × 4 = ...	.... × 4 = 40

- Multiplica.

Jaime tiene 4 sobres de 7 cromos cada uno.
¿Cuántos cromos tiene en total?

Un sobre tiene 7 cromos.
Jaime tiene 4 sobres.

$$\begin{array}{r} 7 \\ \times\ 4 \\ \hline 28 \end{array}$$

En total tiene 28 cromos.

- En una granja hay 9 conejos. ¿Cuántas patas tienen entre todos los conejos de la granja?

Hay .... conejos en la granja.
Cada conejo tiene .... patas.

$$\begin{array}{r} \text{........} \\ \bigcirc\ \text{........} \\ \hline \text{........} \end{array}$$

Entre todos tienen .... patas.

- En un parchís hay 4 fichas de cada color. Si hay 4 colores diferentes, ¿cuántas fichas hay en total?

Hay .... colores diferentes.
Hay .... fichas de cada color.

$$\begin{array}{r} \text{........} \\ \bigcirc\ \text{........} \\ \hline \text{........} \end{array}$$

En total hay .... fichas.

La tabla del 5

5 × 0 = 0	5 × 4 = 20	5 × 8 = 40
5 × 1 = 5	5 × 5 = 25	5 × 9 = 45
5 × 2 = 10	5 × 6 = 30	5 × 10 = 50
5 × 3 = 15	5 × 7 = 35	

- Escribe los números que faltan.

5 × 3 = ...	0 × 5 = ...	.... × 5 = 35
5 × 9 = ...	1 × 5 = ...	.... × 5 = 5
5 × 7 = ...	2 × 5 = ...	.... × 5 = 15
5 × 2 = ...	3 × 5 = ...	.... × 5 = 45
5 × 0 = ...	4 × 5 = ...	.... × 5 = 40
5 × 8 = ...	5 × 5 = ...	.... × 5 = 10
5 × 1 = ...	6 × 5 = ...	.... × 5 = 30
5 × 4 = ...	7 × 5 = ...	.... × 5 = 0
5 × 5 = ...	8 × 5 = ...	.... × 5 = 25
5 × 6 = ...	9 × 5 = ...	.... × 5 = 20
5 × 10 = ...	10 × 5 = ...	.... × 5 = 50

- Multiplica por 5 estos números.

En una pradera hay 11 tiendas de campaña con 5 personas en cada una. ¿Cuántas personas hay en la pradera?

Hay 11 tiendas.
En cada una hay 5 personas.

Hay 55 personas.

$$\begin{array}{r} 11 \\ \times\ 5 \\ \hline 55 \end{array}$$

- En un supermercado hay 3 tipos de leche. Si hay 23 cajas de cada tipo, ¿cuántas cajas de leche hay en total?

Hay .... cajas de cada tipo.
Hay .... tipos de leche.

En total hay .... cajas.

....
○ ....
____
....

- A una excursión van 4 autobuses con 52 personas en cada uno. ¿Cuántas plazas hay en total?

En un autobús hay .... personas.
Viajan .... autobuses.

En total hay .... plazas.

....
○ ....
____
....

La tabla del 6

6 × 0 = 0	6 × 4 = 24	6 × 8 = 48
6 × 1 = 6	6 × 5 = 30	6 × 9 = 54
6 × 2 = 12	6 × 6 = 36	6 × 10 = 60
6 × 3 = 18	6 × 7 = 42	

- Resuelve estas operaciones.

6 × 7 = ...	0 × 6 = ...	.... × 6 = 24
6 × 1 = ...	1 × 6 = ...	.... × 6 = 54
6 × 2 = ...	2 × 6 = ...	.... × 6 = 6
6 × 4 = ...	3 × 6 = ...	.... × 6 = 18
6 × 8 = ...	4 × 6 = ...	.... × 6 = 0
6 × 3 = ...	5 × 6 = ...	.... × 6 = 30
6 × 0 = ...	6 × 6 = ...	.... × 6 = 12
6 × 6 = ...	7 × 6 = ...	.... × 6 = 42
6 × 5 = ...	8 × 6 = ...	.... × 6 = 36
6 × 9 = ...	9 × 6 = ...	.... × 6 = 48
6 × 10 = ...	10 × 6 = ...	.... × 6 = 60

- Completa.

En el jardín de Teresa hay 4 árboles y 6 macetas con 9 flores cada una. ¿Cuántas flores hay?

Hay 6 macetas.
Hay 9 flores en cada maceta.

$$\begin{array}{r} 6 \\ \times\ 9 \\ \hline 54 \end{array}$$

Hay 54 flores en el jardín.

- Alberto ha comprado 7 paquetes de 3 velas cada uno y le han costado 12 €. ¿Cuántas velas ha comprado?

Un paquete tiene .... velas.
Ha comprado .... paquetes.

Ha comprado .... velas.

.... ○ .... = ...

- Marisa tiene 4 bolsas con 7 caramelos de naranja y 8 de fresa en cada una. ¿Cuántos caramelos de fresa tiene?

Marisa tiene .... bolsas.
Hay .... caramelos de fresa en cada una.

Tiene .... caramelos de fresa.

.... ○ .... = ...

La tabla del 7

7 × 0 = 0	7 × 4 = 28	7 × 8 = 56
7 × 1 = 7	7 × 5 = 35	7 × 9 = 63
7 × 2 = 14	7 × 6 = 42	7 × 10 = 70
7 × 3 = 21	7 × 7 = 49	

- Multiplica y escribe la solución en cada caso.

7 × 6 = ...	0 × 7 = ...	9 × 7 = ...
7 × 0 = ...	1 × 7 = ...	1 × 7 = ...
7 × 9 = ...	2 × 7 = ...	3 × 7 = ...
7 × 1 = ...	3 × 7 = ...	2 × 7 = ...
7 × 3 = ...	4 × 7 = ...	6 × 7 = ...
7 × 5 = ...	5 × 7 = ...	8 × 7 = ...
7 × 8 = ...	6 × 7 = ...	.... × 7 = 28
7 × 7 = ...	7 × 7 = ...	.... × 7 = 0
7 × 2 = ...	8 × 7 = ...	.... × 7 = 49
7 × 4 = ...	9 × 7 = ...	.... × 7 = 35
7 × 10 = ...	10 × 7 = ...	.... × 7 = 70

- Escribe los números que faltan.

Manu ha revelado 2 carretes de 24 fotos en color y 3 carretes en blanco y negro. ¿Cuántas fotos en color tiene?

Un carrete tiene 24 fotos.
Ha revelado 2 carretes en color.

$$\begin{array}{r} 24 \\ \times\ 2 \\ \hline 48 \end{array}$$

Tiene 48 fotos en color.

- Laura gasta 3 l de agua caliente y 11 l de agua fría cada día. ¿Cuántos litros de agua fría gasta en una semana?

En un día gasta .... l de agua fría.
Una semana tiene .... días.

Gasta .... litros de agua fría.

....
○ ....
....

- Nacho pesa 31 kg, su madre pesa el doble que él y su padre el triple. ¿Cuántos kg pesa su padre?

Nacho pesa .... kg.
Su padre pesa .... veces más.

Su padre pesa .... kg.

....
○ ....
....

La tabla del 8

8 × 0 = 0	8 × 4 = 32	8 × 8 = 64
8 × 1 = 8	8 × 5 = 40	8 × 9 = 72
8 × 2 = 16	8 × 6 = 48	8 × 10 = 80
8 × 3 = 24	8 × 7 = 56	

- Completa estas operaciones.

8 × 7 = ...	0 × 8 = ...	3 × 8 = ...
8 × 1 = ...	1 × 8 = ...	1 × 8 = ...
8 × 2 = ...	2 × 8 = ...	7 × 8 = ...
8 × 5 = ...	3 × 8 = ...	0 × 8 = ...
8 × 8 = ...	4 × 8 = ...	6 × 8 = ...
8 × 0 = ...	5 × 8 = ...	9 × 8 = ...
8 × 9 = ...	6 × 8 = ...	.... × 8 = 16
8 × 6 = ...	7 × 8 = ...	.... × 8 = 32
8 × 3 = ...	8 × 8 = ...	.... × 8 = 64
8 × 4 = ...	9 × 8 = ...	.... × 8 = 40
8 × 10 = ...	10 × 8 = ...	.... × 8 = 80

- Escribe el número que falta en cada caso.

Aplicación de dos operaciones seguidas

Inés ha envuelto 4 regalos con 3 cintas rojas y 2 verdes en cada uno. ¿Cuántas cintas ha utilizado?

Un regalo tiene 3 cintas rojas.
Un regalo tiene 2 cintas verdes.

$$\begin{array}{r} 3 \\ +\ 2 \\ \hline 5 \end{array}$$

Un regalo tiene 5 cintas.
Ha envuelto 4 regalos.

$$\begin{array}{r} 5 \\ \times\ 4 \\ \hline 20 \end{array}$$

Ha utilizado 20 cintas.

- Mar tiene 2 collares. Cada uno tiene 10 bolas blancas y 4 bolas azules. ¿Cuántas bolas tiene entre los dos collares?

Un collar tiene .... bolas blancas.
Un collar tiene .... bolas azules.

$$\begin{array}{r} \ldots \\ \bigcirc\ \ldots \\ \hline \ldots \end{array}$$

Hay .... bolas en un collar.
Mar tiene .... collares.

$$\begin{array}{r} \ldots \\ \bigcirc\ \ldots \\ \hline \ldots \end{array}$$

Tiene .... bolas entre los dos collares.

La tabla del 9

9 × 0 = 0	9 × 4 = 36	9 × 8 = 72
9 × 1 = 9	9 × 5 = 45	9 × 9 = 81
9 × 2 = 18	9 × 6 = 54	9 × 10 = 90
9 × 3 = 27	9 × 7 = 63	

- Multiplica.

9 × 3 = ...	0 × 9 = ...	.... × 9 = 54
9 × 7 = ...	1 × 9 = ...	.... × 9 = 81
9 × 4 = ...	2 × 9 = ...	.... × 9 = 27
9 × 0 = ...	3 × 9 = ...	.... × 9 = 9
9 × 5 = ...	4 × 9 = ...	.... × 9 = 63
9 × 9 = ...	5 × 9 = ...	.... × 9 = 18
9 × 6 = ...	6 × 9 = ...	.... × 9 = 0
9 × 2 = ...	7 × 9 = ...	.... × 9 = 45
9 × 8 = ...	8 × 9 = ...	.... × 9 = 36
9 × 1 = ...	9 × 9 = ...	.... × 9 = 72
9 × 10 = ...	10 × 9 = ...	.... × 9 = 90

- Completa con las soluciones.

Mónica tiene 18 monedas, Fran 5 menos que ella y Silvia el doble que Fran. ¿Cuántas monedas tiene Silvia?

Mónica tiene 18 monedas.
Fran 5 menos que Mónica.

$$\begin{array}{r} 18 \\ -\ 5 \\ \hline 13 \end{array}$$

Fran tiene 13 monedas.
Silvia tiene el doble.

$$\begin{array}{r} 13 \\ \times\ 2 \\ \hline 26 \end{array}$$

Silvia tiene 26 monedas.

- Gema compra 15 filetes de carne y 3 menos de pescado. ¿Cuánto pagó por el pescado si un filete cuesta 2 €?

Compra .... filetes de carne. ....
Compra .... menos de pescado. ○ ....
....

Compra .... filetes de pescado. ....
Un filete cuesta .... €. ○ ....
....

El pescado le cuesta .... €.

La tabla del 10

10 × 0 = 0	10 × 4 = 40	10 × 8 = 80
10 × 1 = 10	10 × 5 = 50	10 × 9 = 90
10 × 2 = 20	10 × 6 = 60	10 × 10 = 100
10 × 3 = 30	10 × 7 = 70	

- Memoriza la tabla de arriba y completa.

10 × 3 = ...	0 × 10 = ...	.... × 10 = 70
10 × 6 = ...	1 × 10 = ...	.... × 10 = 10
10 × 0 = ...	2 × 10 = ...	.... × 10 = 20
10 × 9 = ...	3 × 10 = ...	.... × 10 = 40
10 × 5 = ...	4 × 10 = ...	.... × 10 = 0
10 × 2 = ...	5 × 10 = ...	.... × 10 = 50
10 × 4 = ...	6 × 10 = ...	.... × 10 = 80
10 × 1 = ...	7 × 10 = ...	.... × 10 = 30
10 × 8 = ...	8 × 10 = ...	.... × 10 = 60
10 × 7 = ...	9 × 10 = ...	.... × 10 = 90
10 × 10 = ...	10 × 10 = ...	.... × 10 = 100

- Multiplica por 10 estos números.

En una frutería se venden 4 cajas con 11 aguacates en cada una. Si cada aguacate cuesta 2 €, ¿cuánto cuestan en total?

Cada caja tiene 11 aguacates.
Hay 4 cajas.

$$\begin{array}{r} 11 \\ \times\ 4 \\ \hline 44 \end{array}$$

Hay 44 aguacates.
Cada uno cuesta 2 €.

$$\begin{array}{r} 44 \\ \times\ 2 \\ \hline 88 \end{array}$$

En total cuestan 88 €.

- Mercedes ha comprado 7 paquetes de 6 latas de refrescos para su fiesta. Si cada lata cuesta 1 €, ¿cuánto ha pagado por todo?

Ha comprado .... paquetes.
Cada paquete tiene .... latas.

....
○ ....
____
....

Ha comprado .... latas.
Cada lata cuesta .... €.

....
○ ....
____
....

Ha pagado .... €.

Repaso de las tablas

- Completa esta tabla.

×	1	2	3	4	5	6	7	8	9	10
0	0									
1										
2										
3				12						
4										40
5										
6										
7										
8										
9										
10										

- Escribe los números que faltan.

7 × ___ = 56 ___ × 5 = 40

4 × ___ = 36 ___ × 3 = 9

2 × ___ = 14 ___ × 8 = 24

Tacha la operación incorrecta y resuelve.

En un barco pequeño hay 10 camarotes y en cada uno hay 3 camas. ¿Cuántas camas hay en total?

Hay 10 camarotes.
Hay 3 camas en cada uno.

~~$\begin{array}{r} 10 \\ +\ 3 \\ \hline .... \end{array}$~~ $\begin{array}{r} 10 \\ \times\ 3 \\ \hline 30 \end{array}$

Hay 30 camas en total.

- Fede tiene 13 conchas de mar y le regalan 3 más. ¿Cuántas tiene ahora?

Tiene .... conchas.
Le regalan .... conchas.

$\begin{array}{r} 13 \\ +\ 3 \\ \hline .... \end{array}$ $\begin{array}{r} 13 \\ \times\ 3 \\ \hline .... \end{array}$

Ahora tiene .... conchas.

- Jimena ha coloreado 7 dibujos que tienen 4 estrellas cada uno. ¿Cuántas estrellas ha coloreado?

Ha coloreado .... dibujos.
Cada uno tiene .... estrellas.

$\begin{array}{r} 7 \\ +\ 4 \\ \hline .... \end{array}$ $\begin{array}{r} 7 \\ \times\ 4 \\ \hline .... \end{array}$

En total ha coloreado .... estrellas.

Proyecto didáctico
Equipo de Educación Primaria de Ediciones SM

Autoría
Ana Carvajal

Revisión pedagógica
Mayte Ortiz

Ilustración
Maximiliano Luchini

Diseño
Sofía Balzola

Maquetación
Ángela Medina

Dirección editorial
Mayte Ortiz

ISBN: 978-84-348-9731-1
Depósito legal: M-15749-2011
Impreso en UE / *Printed in EU*